「十四五」时期国家重点出版物出版专项规划项目

水土保持

中国水利水电科普视听读丛书

中国水利水电科学研究院　组编

张晓明　主编

中国水利水电出版社
www.waterpub.com.cn
·北京·

内 容 提 要

　　《中国水利水电科普视听读丛书》是一套全面覆盖水利水电专业、集视听读于一体的立体化科普图书，共14分册。本分册为《水土保持》，全书共分为四章。第一章为水土资源：生存和发展的基础；第二章为水土流失：生态环境的顽疾；第三章为水土保持：生态保护的法宝；第四章为成效显著：绘就美丽中国新画卷。书中系统阐述了水土资源现状，水土流失与水土保持的概念、分布与发展，以及水土保持的成效等内容。

　　本丛书可供社会大众、水利水电从业人员及院校师生阅读参考。

图书在版编目（CIP）数据

　　水土保持 / 张晓明主编；中国水利水电科学研究院
组编. -- 北京：中国水利水电出版社，2023.5
　　（中国水利水电科普视听读丛书）
　　ISBN 978-7-5226-1227-0

　　Ⅰ. ①水… Ⅱ. ①张… ②中… Ⅲ. ①水土保持—普
及读物 Ⅳ. ①S157-49

中国国家版本馆CIP数据核字（2023）第027046号

审图号：GS（2021）6133号

丛 书 名	中国水利水电科普视听读丛书
书　　名	水土保持 SHUITU BAOCHI
作　　者	中国水利水电科学研究院 组编 张晓明 主编
封面设计	杨舒蕙 许红
插画创作	杨舒蕙 许红
排版设计	朱正雯 许红
出版发行	中国水利水电出版社 （北京市海淀区玉渊潭南路1号D座 100038） 网址：www.waterpub.com.cn E-mail:sales@mwr.gov.cn 电话：（010）68545888（营销中心）
经　　售	北京科水图书销售有限公司 电话：（010）68545874、63202643 全国各地新华书店和相关出版物销售网点
印　　刷	天津画中画印刷有限公司
规　　格	170mm×240mm　16开本　7印张　77千字
版　　次	2023年5月第1版　2023年5月第1次印刷
印　　数	0001—5000册
定　　价	48.00元

《中国水利水电科普视听读丛书》

编委会

主　　任　匡尚富

副 主 任　彭　静　李锦秀　彭文启

专家委员会

《水土保持》

主　　编	张晓明
副 主 编	殷小琳　张永娥　王昭艳
参　　编	解　刚　刘卉芳　朱毕生　成　晨
	赵　阳　刘　冰　王友胜　辛　艳
	李永福　郭米山

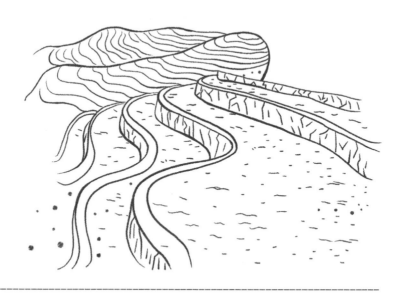

丛 书 策 划　李亮
书 籍 设 计　王勤熙
丛书工作组　李亮　李丽艳　王若明　芦博　李康　王勤熙　傅洁瑶
　　　　　　芦珊　马源廷　王学华
本 册 责 编　李亮
文 字 编 辑　傅洁瑶

序

党中央对科学普及工作高度重视。习近平总书记指出："科技创新、科学普及是实现创新发展的两翼，要把科学普及放在与科技创新同等重要的位置。"《中华人民共和国国民经济和社会发展第十四个五年规划和2035年远景目标纲要》指出，要"实施知识产权强国战略，弘扬科学精神和工匠精神，广泛开展科学普及活动，形成热爱科学、崇尚创新的社会氛围，提高全民科学素质"，这对于在新的历史起点上推动我国科学普及事业的发展意义重大。

水是生命的源泉，是人类生活、生产活动和生态环境中不可或缺的宝贵资源。水利事业随着社会生产力的发展而不断发展，是人类社会文明进步和经济发展的重要支柱。水利科学普及工作有利于提升全民水科学素质，引导公众爱水、护水、节水，支持水利事业高质量发展。

《水利部、共青团中央、中国科协关于加强水利科普工作的指导意见》明确提出，到2025年，"认定50个水利科普基地""出版20套科普丛书、音像制品""打造10个具有社会影响力的水利科普活动品牌"，强调统筹加强科普作品开发与创作，对水利科普工作提出了具体要求和落实路径。

做好水利科学普及工作是新时期水利科研单位的重要职责，是每一位水利科技工作者的重要使命。按照新时期水利科学普及工作的要求，中国水利水电科学研究院充分发挥学科齐全、资源丰富、人才聚集的优势，紧密围绕国家水安全战略和社会公众科普需求，与中国水利水电出版社联合策划出版《中国水利水电科普视听读丛书》，并在传统科普图书的基础上融入视听元素，推动水科普立体化传播。

丛书共包括14本分册，涉及节约用水、水旱灾害防御、水资源保护、水生态修复、饮用水安全、水利水电工程、水利史与水文化等各个方面。希望通过丛书的出版，科学普及水利水电专业知识，宣传水政策和水制度，加强全社会对水利水电相关知识的理解，提升公众水科学认知水平与素养，为推进水利科学普及工作做出积极贡献。

丛书编委会
2022年12月

前言

　　水是生命之源，土是万物之本，水土资源是人类赖以生存和发展的物质基础，是经济社会可持续发展的战略资源。水土保持对于保护、改良和合理利用水土资源，改善生态环境，促进生产发展，具有重要意义。

　　水土保持是推进生态文明建设的重要内容，是需要长期坚持的伟大事业。经过长久不懈地努力，中国水土流失状况明显改善，实现了水土流失面积由增到减和水土流失强度由高到低的历史性转变。水土保持事业改善了农业生产条件，优化了生态环境，增强了可持续发展能力，促进了人与自然和谐相处。多年来，中国水土保持宣传工作取得显著成效，社会大众对水土保持的认识得到很大提高。

　　水土流失与水土保持普遍存在，与广大人民群众生产生活息息相关。进入新时代，高质量发展成为时代旋律，对水土保持也提出了更高的要求。新时代的水土保持应得到更高程度的重视、更加广泛的普及、更多大众的理解和参与。为进一步普及水土保持知识，提高公众水土保持意识，培养大家对水土保持的兴趣，我们编制了《水土保持》分册。本分册以水土流失与水土保持为主线，系统阐述了水土资源的现状，水土流失与水土保持的概念、分布与发展，水土保持的成效等内容，并将全书分为"水土资源：生存和发展的基础""水土流失：生态环境的顽疾""水土保持：生态保护的法宝""成效显著：绘就美丽中国新画卷"四章，旨在让更多的人了解水土保持、支持水土保持、参与水土保持，共同建设美丽家园。

　　在本书编写过程中，引用了大量科技成果、报告、论文和专著等，因篇幅所限，未能在参考文献中一一列出，谨向作者们致以深切的谢意。限于掌握资料和编者水平有限，书中难免有疏漏和不足之处，敬请广大读者批评指正。

编者

2023 年 3 月

目 录

序

前 言

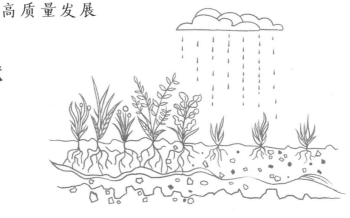

第一章

水土资源：生存和发展的基础

水是生命之源，土是万物之本，水土资源是人类赖以生存和发展的物质基础，是不可替代的基础资源，也是经济社会可持续发展的战略资源。既然水土资源如此重要，那么地球上的水土资源情况如何呢？能否支撑未来经济社会的发展？下面一起来了解一下。

◎ 第一节 珍贵的水资源

水资源是指自然界中具有一定数量、一定质量、可以被人类利用、具有永续性的水体。广义的水资源是指地球上水的总体，包括大气降水、河湖地表水、地下水、冰川、海水等。狭义的水资源是指与生态系统保护和人类生存发展密切相关的、可恢复和更新的淡水，其补给来源主要为大气降水。

▲ 地球上广义的水资源

众所周知，水参与人类和动物生命的运动，如帮助人体新陈代谢、维持有氧呼吸等，人体约有 70% 的水；水也是植物生长的必要条件，植物的光合作用、蒸腾作用等都离不开水。另外，水还是生态、工业和农业的血液，广泛应用于环境改造、发电、水运和水产等产业。可以说，生命的存在和延续都离不开水。

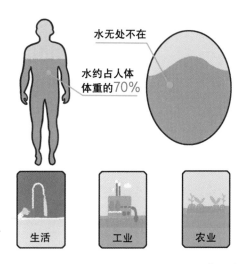

▲ 水无处不在

我们居住的星球叫"地球"，有人说应该叫"水球"，因为它超过 2/3 的表面积被水覆盖。在很多人的印象中，水似乎是取之不尽、用之不竭的。的确，地球储水总量十分可观，但其中淡水资源仅占储水总量的 2.5%，且大多数淡水存在于冰川和深层地下水中，无法直接利用。人类真正能够利用的淡水只是江河湖泊以及浅层地下水中的一部分，这些水资源量仅占地球总水量的 0.13%。

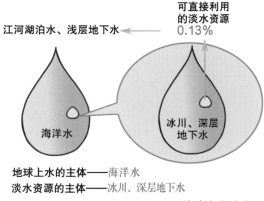

地球上水的主体——海洋水
淡水资源的主体——冰川、深层地下水

▲ 地球上的淡水

为了更容易理解淡水资源的稀缺性，我们来做个类比：一个 1.25 升的可乐瓶装入 1 升水，我们把这 1 升水当作地球上水的总量；倒出一茶匙的水，这就是地球淡水资源的总量；再用滴管从茶匙里吸出一滴水，这就是人类

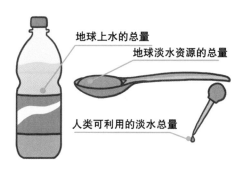

▲ 全球水资源量对比

可利用的淡水总量。

地球上的水很多，但是可利用的淡水资源很少，而且还分布不均——不到 10 个国家拥有着约 65% 的可利用淡水。据联合国公布的统计数据，全球有 11 亿人的生活是缺水的，全球约 40% 的人口受到水资源短缺的影响。中国的淡水资源总量为 2.8 万亿米^3，占全球水资源量的 6%，名列世界第 4 位，听起来好像还可以，但是，中国人口众多，人均淡水资源占有量仅为世界人均水平的约 1/4，在全世界排第 110 位。中国的 600 个城市中，约有 2/3 面临严重的水资源短缺问题！

◎ 第二节 稀缺的土资源

土壤是指陆地表面的一层疏松物质，由各种矿物质颗粒、有机物质、水分、空气、微生物等组成，能供植物生长。土地则是地球陆地表面上的气候、地貌、岩石、土壤、植被、水文等要素组成的自然经济综合体，既有自然属性，又有社会属性。

植被
土壤
水分
岩石

▲ 土地与土壤

4

　　土地资源的功能包括植物生产、建设承载和生态等功能。土壤是最重要的土地资源，为植物生长提供水分、养分、空气、热量。在中国古代就有"有土斯有粮""万物土中生"的记载。联合国粮食及农业组织 2022 年发布的报告显示，全球 95% 的食物来自土壤，土壤是许多动物的栖息之所，自然界多数分解者都分布在土壤中。植物、动物、微生物的活动和繁衍都离不开土壤的参与，土壤对生命具有重要意义。

土壤的作用
（1）保持生物活性、多样性和生产性；
（2）对有机、无机污染物具有过滤、缓冲、降解、固定和解毒作用；
（3）具有贮存并循环生物圈及地表的养分和其他元素的功能；
（4）对水体和溶质流动起调节作用。

降水　生产者　枯枝落叶　生产者　一级消费者（兔）　二级消费者（狼）　土壤分解者　水　可溶性化学物　全球 95% 的食物来自于我们的土地

▲ 土壤与生命

知识拓展

土壤和土地的联系与区别

联系：土壤是土地的组成要素之一，土地包含土壤。土壤一旦被利用，就必然连同气候、地形、水文等其他土地组成要素共同对植物生长起作用。这个时候的土壤，实际上已经以土地的形式发生作用，这也是土壤与土地两个概念经常被混淆的重要原因。

区别：土壤的本质是肥力，为植物生长提供条件，包括扎根立地、水分养分、根系的呼吸等，即为植物提供"吃喝住"的条件。有些土地功能和肥力条件较差，如戈壁和裸岩虽然是土地，但不能为植物生长提供"吃喝住"的条件。因此，戈壁和裸岩就成为不毛之地，不是土壤。另外，土壤作为自然物是可以搬动的，譬如"取土""土壤侵蚀"等。而土地是不可移动的。所以我们平时所说的水土流失或土壤侵蚀中的"土"，指的是土壤而不是土地。

世界陆地总面积占地球表面积的 29.2%，按全球 60 亿人口计算，平均每人占地约 37.5 亩（1 亩 ≈ 666.67 米^2）。但是，如果考虑土地的质量属性，情况就不太乐观了，扣除极地和高寒地区等不宜利用的区域，能够为人类生产粮食的耕地面积，人均仅为 4.8 亩。

同时，更值得关注的是，土壤资源是不可再生的！土壤的形成是一个复杂而缓慢的过程，形成 1

厘米厚的土壤一般需要几百年的时间，甚至在有的地区，如中国西南岩溶区的土壤形成则需要上千年的时间。这进一步加剧了土壤资源的稀缺性。

中国陆地面积居世界第三位，国土面积如此巨大，耕地资源应该足够吧？要回答这个问题，需要了解中国的耕地资源特点。如下表所示，中国耕地资源具有"一多三少"的特点，即总量多，但人均耕地少、高质量耕地少、可开发的后备土地资源少。总体来说，中国耕地资源相当匮乏。

总量多	2019 年末耕地面积 19.18 亿亩，居世界第 4 位
人均耕地少	不足世界人均水平的一半， 加拿大人均耕地约是中国人均耕地的 18 倍
高质量耕地少	优等耕地和高等耕地约占 33%，中等和低等耕地约占 67%
可开发的后备土地资源少	宜林地较多，宜农地较少

▲ 中国的耕地资源特点

知识拓展

土壤如何形成？
所有的土壤都能发育成耕地吗？

土壤的形成需要三个过程。首先，岩石经过风吹雨打日晒变成细小颗粒；随后，微生物和低等植物开始生长，缓慢形成很薄的原始土壤；接着，原始土壤逐渐转化成含有矿物质、有机质、水、空气的土壤，拥有一定肥力。至此，土壤才真正形成。

耕地是由自然土壤发育而成的，但并非任何土壤都可以发育成耕地。能够形成耕地的土壤需要具备可供农作物生长、发育、成熟的自然条件，如较为平坦的地形（一般超过 25° 的陡地不宜发展成耕地）、有一定厚度、有适宜的温度和水分等条件。

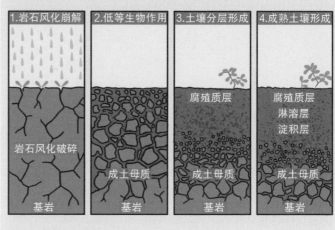

▲ 土壤形成示意图

◎ 第三节 水土资源组合不平衡

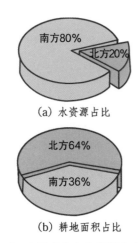

（a）水资源占比

（b）耕地面积占比

▲ 中国南北水土资源分布

中国的水土资源组合极不平衡，相对而言，北方地多水少、南方地少水多。北方地区（秦岭—淮河以北）耕地面积占中国耕地总面积的 64%，水资源仅约占全国的 20%；南方地区（秦岭—淮河以南）耕地面积占中国耕地总面积的 36%，但水资源丰富，约占全国水资源总量的 80%。

在中国古代，年降水量 400 毫米等值线形成了一条游牧农耕的"分界线"，年降水量在 400 毫米以下的土地就不适合农耕了。如今，中国年降水量

800毫米以上地区的耕地占总耕地的35%；位于年降水量400～800毫米地区的耕地占50%；位于年降水量400毫米以下地区的耕地占15%。

总体来说，中国水土资源在地区上的组合不相匹配，使得区域水土资源的矛盾突出，影响区域高质量发展。

水土流失加剧了水土资源的珍贵稀缺性。不容忽视的事实是，土壤的侵蚀速度是土壤形成速度的10～30倍，全世界平均每5秒就有一块足球场大小的土地流失。中国是世界上水土流失最严重的国家之一，根据全国第二次水土流失遥感调查结果显示，每年土壤流失总量在50亿吨左右，约占全球土壤侵蚀总量的1/5，相当于在中国的耕地上平均刮去1厘米厚的表土，如果把这些土做成宽和高都为1米的墙，可以绕地球80多圈！保护和合理利用水土资源，刻不容缓。

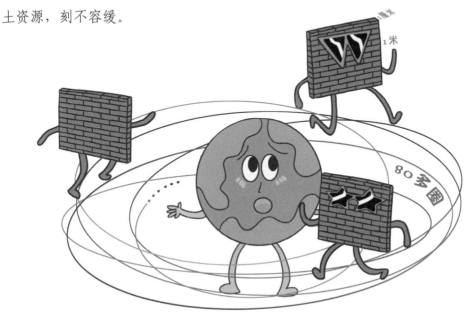

▲ 中国每年土壤流失总量如砌成厚度为1厘米，宽、高皆为1米的墙可绕地球80多圈

第二章

水土流失：生态环境的顽疾

尽管地球很大，水土资源却非常珍贵。水土流失破坏水土资源，是自然生态环境的顽疾。那么究竟什么是水土流失，其有哪些表现形式？水土流失是怎么产生的，其危害是什么？广袤的华夏大地，不同地域的水土流失各有什么特点呢？下面一起来看看吧！

◎ 第一节 什么是水土流失

水土流失一词源于中国，在《中国大百科全书·水利卷》（2004年版）中"水土流失"的定义为：在水力、重力、风力等外营力作用下，水土资源和土地生产力的破坏和损失，包括土地表层侵蚀及水的损失，亦称水土损失。狭义的水土流失指雨水不能就地消纳下渗，顺势下流、冲刷土壤，造成水分和土壤同时流失。

土壤侵蚀这一科学术语传入中国后，很长一段时间作为水土流失的同义词。随着水土保持科学的发展，二者的异同点形成了较为明确的认识：二者均有在外营力作用下，土壤、母质和浅层基岩的剥蚀、搬运和沉积过程，但水土流失多用以评价水与土的流失和损耗，包括了水土资源和土地生产力的破坏与损失。

◎ 第二节 水土流失类型

　　水土流失是各种生态退化的集中反映。根据造成水土流失的动力不同，可分为水力侵蚀、风力侵蚀、重力侵蚀、混合侵蚀和冻融侵蚀五种类型。

一、水力侵蚀

　　水力侵蚀是指以水（主要是降雨）为动力造成的侵蚀。水力侵蚀是目前世界上分布范围最广、危害也最为普遍的一种土壤侵蚀类型，因侵蚀程度不同，又可分为溅蚀、面蚀、沟蚀、山洪侵蚀等多种形式。

1. 溅蚀

　　在雨滴打击作用下，土壤结构破坏和土壤颗粒产生位移的现象称为雨滴击溅侵蚀，简称为溅蚀。降雨后有的土地会产生板结的情况，这就是溅蚀的结果。

（a）雨滴

（b）干土溅散

（c）泥浆溅散

（d）板结

◀ 溅蚀过程图

▲ 面蚀

2. 面蚀

坡面上降雨形成地表径流，开始处于未集中的分散状态，分散的地表径流也能冲走土壤表层的细小土粒，这种侵蚀方式称为面蚀。面蚀带走的表层土粒中含有大量营养成分，会导致土壤肥力下降。

▲ 沟蚀

3. 沟蚀

在面蚀的基础上，分散的地表径流汇集成有固定流路的水流，冲刷土壤、切入地面形成沟壑，称为沟蚀。沟蚀主要以沟头溯源前进、沟岸扩张和沟底下切分别向长、宽、深三个方向发展，使沟壑加长、加宽、加深。它对土地的破坏程度远比面蚀严重。

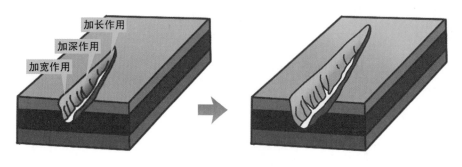

▲ 沟蚀示意图

4. 山洪侵蚀

富含泥沙的地表径流经过侵蚀沟的汇集，形成山洪。山洪可淹没、冲毁两岸的村庄或城市，甚至可能导致河流改道，给整个下游造成毁灭性的破坏；山洪进入平坦地段，大量泥沙淤积或沙压农田，使土地失去农业利用价值。

▲ 山洪暴发冲毁两岸村庄（曾信波提供）

▲ 泥沙淤积沙压土地（曾信波提供）

▲ 风力侵蚀

▲ 沙尘暴来临

二、风力侵蚀

风力侵蚀简称风蚀，是指以"风"为动力造成的侵蚀，风力吹扬土壤表面的颗粒或沙粒，搬离原来的位置，随风飘扬到别的地方降落堆积。在风力侵蚀中，土壤颗粒、沙粒和尘埃被气流扬起、搬运和沉积，三个过程相互影响，穿插进行。中国的风力侵蚀主要分布在西北、华北和东北的沙漠、沙地和丘陵盖沙地区。

风力侵蚀把地面沙和尘土卷扬起来，使空气变浑浊，形成沙尘天气，按能见度大小，可分为浮尘、扬沙和沙尘暴三类，沙尘暴是污染程度最高的一种。1993年5月5日发生了中国近百年来罕见的特大强沙尘暴，沙墙高度300～400米，最高700米，横扫甘肃、宁夏、陕西、内蒙古四省（自治区）72个县，造成重大人员和财产损失。

三、重力侵蚀

重力侵蚀是一种以重力为主所引起的土壤侵蚀形式，它是坡面土石、岩体由于自身所受的重力作用而失去平衡，发生位移和堆积的现象。重力侵蚀多发生在深沟大谷的高陡边坡，以及由于人类活动从而形成的陡坡等部位。滑坡和崩塌是常见的破坏力较大的重力侵蚀形式。

小贴士

沙尘暴形成的三要素

千百年来，沙尘暴多出现在北方，这里具备形成沙尘暴的三要素——沙源、强风和不稳定的大气环流。

沙源：通常戈壁沙漠是沙尘暴取之不尽的沙源。2021年3月15日，西起喀什，东至哈尔滨的小半个中国陷入一片扬沙，此次沙源主要来自蒙古国南部的巨大沙漠。

强风：从地面卷起大量沙尘，是沙尘暴形成的动力。

不稳定的大气环流：让沙尘被强风携带到更远的地方。

1. 滑坡

坡面岩体或土体向临空面下滑的现象称为滑坡。滑坡的滑坡体与滑床之间有较明显的滑移面，滑落后的滑坡体层次未发生改变，滑下的土体整体不混杂，一般保持原来的相对位置。在透水性强的土体下层，如果有透水性差的层次时，容易形成滑落面，从而发生滑坡；春夏季节坡面的融化层与冻结层之间也容易形成滑落面；人工开挖坡脚也容易形成滑坡。

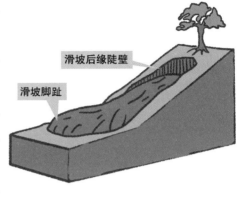

滑坡后缘陡壁

滑坡脚趾

▲ 滑坡示意图

2. 崩塌

在陡峭的斜坡上，岩体或土体突然向坡下崩落、翻转和滚落的现象称为崩塌。崩塌的特征是崩落面不整齐，岩土体上下之间层次被彻底打乱。发生在山坡上大规模的崩塌称山崩；发生在悬崖陡坡上单个块石的崩落称坠石。

▲ 滑坡场景

（a）山崩

（b）坠石

▲ 崩塌示意图

17

小贴士

泥石流发生的三个条件

能量条件：陡峻的地形，有一定的势能转化为动能。

物质条件：丰富的松散固体物质，为泥石流形成提供必要的物源。滑坡、崩塌提供的松散堆积物，生产建设的弃渣等，是最常见的物质来源。

触发条件：充沛的水源，是泥石流的重要组成部分，也是动力条件。中国泥石流的水源主要来自暴雨。

四、混合侵蚀

混合侵蚀是指在水流冲力和重力共同作用下的一种特殊侵蚀形式，常见的混合侵蚀有泥石流和崩岗。

1. 泥石流

在一定暴雨条件下，受重力和流水冲力的综合作用形成的含有大量土砂石块等固体物质的特殊洪流，称为泥石流。泥石流在其流动过程中，常会伴随崩塌、滑坡等重力侵蚀。泥石流暴发，来势凶猛，历时短暂，具有强大的破坏力。泥石流的搬运能力比相同规模的水流大数十倍到百倍，其堆积过程也十分迅速，对山区危害很大。

▲ 云南省泸水市泥石流（引自：泸水市融媒体中心）

2. 崩岗

崩岗是指山坡土体或岩体风化壳在重力与水力综合作用下分离、崩塌和堆积的侵蚀现象，是外营力的侵蚀作用大于土体抗蚀力的结果。中国的崩岗主要分布在南方红壤区，如广东、福建、江西、湖

▲ 江西省赣州市崩岗（廖攀提供）

南、广西、湖北、安徽等7省（自治区），共有崩岗23.9万座，面积达1220千米^2，在花岗岩、碎屑岩严重风化的地区极为普遍，特别是风化壳深厚的花岗岩低山丘陵区，其他南方各省（如海南等省）均有零星分布。

五、冻融侵蚀

当温度在0℃上下变化时，岩石孔隙或裂缝中的水冻结成冰时，体积会膨胀，从而对岩石裂缝壁产生很大的压力，使裂缝加宽加深；当冰融化时，水沿着扩大了的裂缝更深地渗入岩体的内部，同时水量也可能增加，这样的冻结、融化过程频繁进行，以致岩体崩裂成岩屑，称为冻融侵蚀，也称冰劈作用。冻融侵蚀在青藏高原及一些高寒山地雪线附近出现较多。

小贴士

崩岗形成和发展的三个基本条件

发育基础：深厚的土层或风化母质层。南方花岗岩分布区形成的风化壳可达10～50米，土体易崩塌形成崩岗。红壤土层可达10米以上，也易发生崩岗。

发育动力：暴雨径流。崩岗主要发生在年降水量1400～1600毫米等雨量线的区域内，并且降水量较降雨强度对崩岗侵蚀量的影响要大。

必要条件：气温。温度促进岩体机械崩解，降低抗蚀力和内聚力。中国崩岗发生区主要在年均温16℃等温线以南，严重区位于18℃等温线以南。

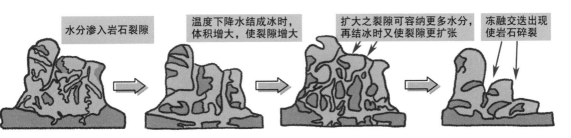

水分渗入岩石裂隙 → 温度下降水结成冰时，体积增大，使裂隙增大 → 扩大之裂隙可容纳更多水分，再结冰时又使裂隙更扩张 → 冻融交迭出现使岩石碎裂

▲ 冻融侵蚀的形成

◎ 第三节 水土流失的原因与危害

水土流失的形式复杂多样，其形成的原因是什么？水土流失又会产生哪些危害？

一、水土流失的原因

水土流失是自然条件与人类活动互相交织作用产生的。自然条件主要指降雨、地形、土壤和植被覆盖。只有这四类自然因素处于不利状态，水土流失才能发生与发展，其中任何一种因素处于有利状态，就可以减轻甚至制止水土流失。同时，不合理的人类活动如果使四种自然因素中的一种或多种处于不利状态，那么就会产生或加剧水土流失；反之，合理的人类活动则可以使自然因素处于有利状态，从而减轻或制止水土流失。

1. 高强度暴雨

发生降雨时，一部分雨水会渗入到土壤中，另一部分则形成地表径流。如果降雨的强度很小，降雨能全部被土壤吸收，不产生地表径流，就不会有水土流失。如果降雨强度很大，降雨不能全部入渗，就会产生地表径流，"水冲土走"形成水土流失。

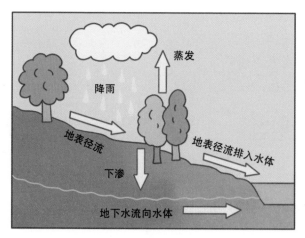

▲ 高强度暴雨后地表形成径流

2. 地面坡度陡峭

水在平坦地面上一般不会流动或流动很慢，没有动力，不能冲走地面土粒。水在陡峭的坡面上，流动加快，产生了动力，且汇流时间变短，能够冲动并带走土粒。坡度越陡，水土流失就越多。

3. 地面土质松散

在同样的暴雨下，不同地面组成物质形成的水土流失情况有所差别：松散土壤土粒之间聚合力差，遇水易分散，容易形成水土流失；在风沙区，颗粒较粗，空隙较大，暴雨入渗强度很大，通常不会因地表径流产生侵蚀，只有刮风时才会产生风力侵蚀；山区裸露的岩石，在没有严重风化解体的情况下，虽然暴雨影响下的地表径流较大，但由于岩石坚硬，不会像土壤那样容易被水冲走。

4. 地表裸露且缺乏植被覆盖

植被覆盖可以减轻或者防止雨滴击溅侵蚀土地，减缓径流对地面的冲刷，改善土壤质量，增加地表入渗。另外，植被还可以避免风与地面直接接触、降低风速，同时根系可以固结沙子，从而减轻和防治风蚀。地面有植被覆盖，就像是穿上了"防弹衣"，通常植被覆盖越好，水土流失就越少。

▲ 陡峭坡面径流冲刷（李志恒提供）

▲ 土质松散易形成风蚀（曲志诚提供）

▲ 局部植被遭破坏导致水土流失加剧（张燕娜提供）

▲ 过度放牧易造成
水土流失（武明录提供）

5. 不合理的人类活动

历史上，由于毁林毁草、陡坡开荒种粮而破坏了地表形态，造成了严重的水土流失。水土流失使得土地日益瘠薄，粮食产量减少，为维持生存又进一步毁林毁草、扩大陡坡开荒种粮，致使水土流失进一步加剧。黄河流域的黄土高原地区就是典型的例证。近年来，随着工业化和城市化的发展，大量的生产建设活动扰动地表，也造成了局部严重的水土流失。

二、水土流失的危害

水土流失会给生态环境、人民生产生活和社会经济带来多方面的危害，主要表现在以下方面。

1. 土地退化，耕地毁坏，威胁国家粮食安全

中国人均占有耕地面积远低于世界平均水平，人地矛盾突出，水土流失又加剧了这一矛盾。水土

流失造成植被破坏，土地水源涵养能力减弱，大量土壤"石化""沙化"，丧失耕种能力。20世纪70—80年代是水土流失的高峰期，中国约有1/3的耕地受到水土流失的危害，每年有近4000万吨的土壤受水土流失影响，致使氮、磷、钾等有效营养成分流失。平均每年损失耕地约100万亩。东北黑土区水土流失导致土层变薄、变瘦、变硬，北方土石山区、西南岩溶区和长江上游等地有相当比例的农田耕作层土壤已经流失殆尽，母质基岩裸露，彻底丧失了农业生产能力。

▲ 坡耕地水土流失

▲ 人工林坡面水土流失

2. 江河湖库淤积，加剧洪涝灾害，威胁防洪安全

水土流失导致大量泥沙进入河流湖泊和水库，削弱河道行洪和湖库调蓄能力。1950—1999年黄河下游河道淤积泥沙92亿吨，致使河床普遍抬高2～4米，上游宁蒙河段也形成新的地上悬河。中国8万多座水库年均淤积16.24亿米^3，洞庭湖年均淤积0.98亿米^3，造成多座水库调蓄能力下降，丧失了其承担的分洪作用。同时，由于水土流失使上游地区的土层变薄，

▲ 鄂尔多斯土地沙化

土壤蓄水能力降低，增加了山洪发生的频率和洪峰流量，增加了滑坡、泥石流等灾害的发生。

3. 生存环境恶化，生产效率降低，制约区域经济社会发展

据统计，中国约有90%的贫困人口生活在水土流失区，75%的贫困人口生活在水土流失严重区域。这些地区开始由陡坡开荒、破坏植被造成水土流失，发展到破坏土地资源、降低耕地生产力，恶化群众生产、生活条件，制约了经济发展，出现种地难、吃水难、增收难的情况。贫困的加剧往往会引发更大范围的开垦，形成"越垦越穷，越穷越垦"的恶性循环。水土流失与贫困互为因果、相互影响，水土流失最严重地区往往也是最贫困地区。现如今，水土流失区依然是防止返贫和乡村振兴等需要重点关注的区域。

▲ 贵州省关岭县板贵乡坡婵村农户耕作（潘征提供）

4.生态系统功能削弱，环境污染加重，威胁生态安全和饮水安全

水土流失是面源污染的载体，在输送大量泥沙的过程中，也输送了大量化肥、农药和生活垃圾等面源污染物，加剧了水源污染。孙鸿烈院士曾提到，我国现有重要饮用水源区中，作为城市水源地的湖库 95% 以上处于水土流失严重区。水土流失还导致草场退化，防风固沙能力减弱，加剧沙尘暴，造成空气污染；导致河流湖泊萎缩，野生动物栖息地消失，生物多样性降低。

▲ 水土流失污染水体

◎ 第四节 水土流失演变史

中国的水土流失演变历史与人类生产活动密切相关。新中国成立前，我国水土流失的发生发展与农耕历史紧密相关，先后经历了以自然侵蚀为主的原始农业时期（约公元前 500 年以前）和水土流失逐渐加剧的传统农业时期（公元前 500—公元 1950 年）；新中国成立后，随着工业化、城镇化的加快，水土流失恶化的趋势得到遏制，并产生了新的水土流失形式。

一、原始农业时期

从约 12000 年前至公元前 500 年，为中国的原始农业时期。原始农业按起源和生产方式，可明显

地分为南北两大系统。南方是稻的发源地，形成稻作农业系统。北方是粟、黍等作物的发源地，形成粟作农业系统，也就是旱作农业系统。

原始农业是以牺牲天然植被为代价的"火耕"开始的，之后使用石器或木制工具进行耕作。土地通过多年耕作后地力下降，随即被撂荒数年，待地力自然恢复后再重新开垦。在旱作农业系统的北方和稻作系统的南方，由于具体耕作方式的显著差别，其对水土流失的影响也有所不同。原始农业的耕作方式不仅破坏了植被，也对土壤造成扰动，且随着石器或木制工具广泛应用于耕作，对环境的影响程度也呈逐步加强的趋势。但总体上，原始农业开发主要集中在较平坦的地段，人类活动引起的水土流失仍十分有限，水土流失基本属于自然侵蚀范畴。

二、传统农业时期

传统农业时期的水土流失，主要发生于西汉以后。西汉时期，水土流失开始凸显于北方地区；东汉时期，水土流失扩展到南方地区；到清代中叶，随着山地的开发，水土流失普遍加重。

西汉是中国历史上人口第一次快速增长时期，人口增加近 10 倍，扩大土地开垦面积是解决人口增长问题的主要手段。至汉武帝时，北方农耕区基本格局已经建立。北方地区农业区的扩展，使一部分草地和林地受到破坏，加剧了自然侵蚀过程。根据史料记载，至少从西汉时起，黄河泥沙含量高的特点已经出现，黄土高原等北方地区农业开垦引起的水土流失已经较为明显。

自东汉后期至宋元时期，大批中原人民为避灾荒战乱，纷纷逃往南方，加上铁制农具的普遍使用，南方地区农田开辟扩大，山泽地逐步被开发。麦和粟等旱粮作物广泛种植、茶树种植、商业采伐林木等 3 种方式破坏了南方低山丘陵地区植被，加剧水土流失。东汉以后，北方地区人类活动对自然环境的影响因人口的锐减而减弱，但至唐宋以后，植被破坏重新加剧，且更多地受到人类活动的影响。

▲ 《耕织图册·插秧》
明代 仇英

清代中叶以后，全国水土流失加重。在经历明清之际的人口减少后，清康熙至乾隆的 100 年间，是中国历史上人口第二个快速增长期。在巨大的人口压力下，全国各地都加大了对山地的开发强度，水土流失加重。除毁林开荒外，伐木烧炭、经营木材、采矿冶炼也是森林破坏、水土流失加重的重要原因。至 20 世纪上半叶，社会矛盾尖锐激化，政局动荡变革，水旱灾害频繁，水土流失进一步加剧。

三、新中国成立后的现代化时期

由于自然和历史的原因，新中国成立之初，中国水土流失问题十分突出。20 世纪 50—70 年代水土流失加剧，20 世纪 80 年代至今，水土流失恶化趋势得到遏制，但是又出现了新的水土流失形式。

新中国成立后，人口进入中国历史上的第 3 个快速增长期。为实现国家工业化，发展经济，解决人民群众的基本生活问题，耕地开垦和工业化的森林采伐以前所未有的速度破坏了自然植被。大面积

▲ 20世纪90年代小矿山
生产导致水土流失

开垦荒地、砍伐森林，使中国天然林面积逐步下降。例如20世纪80年代，长江流域的森林覆盖率只有20世纪50年代的1/2。同时，中国水力侵蚀面积由20世纪50年代的153万千米^{2}扩大到80年代中期的179万千米^2。

进入20世纪80年代后，中国水土流失防治工作得到恢复和加强，全国相继开展了一批水土流失重点防治工程，并实施一系列政策措施进行治理，水土流失恶化趋势逐渐被遏制。然而，随着经济社会的发展，中国各地开展了大规模的工程建设和矿产资源无序开发，产生了新的水土流失，局部水土流失加剧。如20世纪80年代至90年代中期，长江上游大量的小矿山、小煤窑、采金业等无序开发，就导致了严重水土流失。黄土高原地区曾经因大规模的矿产资源开发，导致新增人为水土流失面积超过同期已治理的水土流失面积。

知识拓展

新的水土流失形式——生产建设项目水土流失

因生产建设项目造成的水土流失，是以人类生产建设活动为主要外营力形成的特殊水土流失形式，是一种人为加速水土流失的情况。如不采取

▲ 生产建设项目施工导致
水土流失

合理的水土保持措施，原水土流失轻微的地区，由于生产建设项目对原始地表的强烈扰动，水土流失在短时间内会急剧增加，甚至可以达到原地貌的几倍、几十倍。常见的生产建设项目导致的水土流失形式包括原地表强烈扰动加剧水土流失、堆弃土渣等形成高强度水土流失、边坡开挖形成重力侵蚀、陡坡深沟弃渣形成滑坡垮塌和泥石流等。

◎ 第五节 中国水土流失现状与特点

中国是世界上水土流失最为严重的国家之一，水土流失呈面积大、分布范围广，流失强度大、侵蚀严重区比例高，流失成因复杂、类型多样，区域差异明显、治理难度大等特点。根据《全国水土保持公报（2020年）》统计，全国共有水土流失面积 269.27 万千米²。其中水力侵蚀面积 112.00 万千米²，风力侵蚀面积 157.27 万千米²。水土流失最为严重的区域是黄土高原、长江上游、西南石灰岩地区和东北黑土地。中国幅员辽阔，地貌类型、气候条件多样，区域间水土流失差异显著。根据自然条件、社会经济情况、水土流失特点等的区域差异，中国水土保持区划分出 8 个一级类型区。各个区域的水土流失各有特点。

一、东北黑土区

东北黑土区包括吉林、黑龙江两省，以及辽宁省、内蒙古自治区的部分行政区。该区域的水土流失以水力侵蚀为主，间有风力侵蚀，北部有冻融侵蚀。该区域水土流失面积 21.60 万千米²，其中，水力侵蚀面积 13.82 万千米²，风力侵蚀面积 7.78 万千米²，土壤侵蚀主要集中在 0.5° ~ 5° 的坡耕地上，这部分耕地占黑土区耕地总面积的 56%。由于漫岗长坡的顺坡耕作方式，这里的水土流失情况不断加剧，已有大量切沟分布，虽然切割较浅，但分割蚕食耕地，严重影响机械化耕作。自 20 世纪中期以来，曾经"插根筷子就发芽"的黑土在变薄，如今黑土层平均厚度只有 30 厘米左右，比开垦之初减少了约 40 厘米，1/4 的农地已经出现"破皮黄"。黑土自然形成过程极其缓慢，生成一厘米厚的黑土需要 200 ~ 400 年。

▲ 黑龙江省坡耕地沟壑纵横（焉学义提供）

二、北方风沙区

北方风沙区包括新疆维吾尔自治区，以及内蒙古、甘肃和河北等省（自治区）的部分行政区。水土流失以风力侵蚀为主，是中国风力侵蚀主要分布区。该区域水土流失面积 134.06 万千米²。其中，水力侵蚀面积 10.48 万千米²，风力侵蚀面积 123.58 万千米²，是以明沙为优势地面组成物质的区域，降水稀少、气候干旱，草场过度放牧，强烈的风蚀不仅导致土地荒漠化，而且引起了土壤粗化、土地生产力下降、沙尘灾害等。局部地区风蚀、水蚀交错分布，生态环境十分脆弱。

▲ 北方风沙区草原沙化（钟伟国提供）

三、北方土石山区

北方土石山区包括北京市、天津市、山东省，以及内蒙古、辽宁、山西、河北、河南、江苏和安徽等省（自治区）的部分行政区。该区域水土流失面积 16.25 万千米²。其中，水力侵蚀面积 14.20 万千米²，风力侵蚀面积 2.05 万千米²，地面组成物质石多土少，石厚土薄，土质松散。由于水土流失，

▲ 北方土石山区石多土少
（陈静仁提供）

坡耕地和荒地中土壤细粒被冲走，剩下粗沙和石砾，造成土质"粗化"，地面砂砾化或石化，失去农业利用价值。大部分地区土层薄，裸岩多，土层厚度不足 30 厘米的土地面积约占总面积的 76%，坡度陡，暴雨中地表径流量大，经常形成突发性山洪。

四、西北黄土高原区

西北黄土高原包括宁夏回族自治区，以及陕西、山西、内蒙古、甘肃和青海等省（自治区）的部分行政区。水土流失以水力侵蚀为主，北部地区水蚀和风蚀交错。该区域水土流失面积 20.84 万千米²，其中，水力侵蚀面积 15.82 万千米²，风力侵蚀面积 5.02 万千米²，土层深厚疏松，植被质量较差，降水时空分布不均，沟壑纵横，蚕食塬面或梁峁坡，侵蚀沟边岸坍塌、沟底下切严重，是全球土壤侵蚀量最高的区域，是黄河泥沙的主要来源。

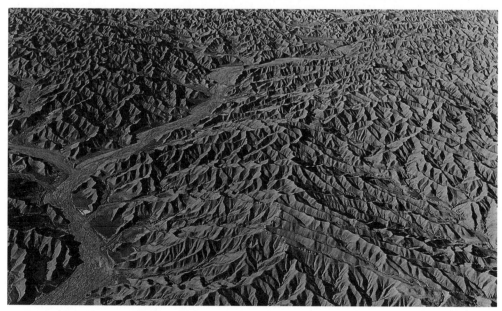

▲ 黄土高原千沟万壑（张胜邦提供）

五、南方红壤区

南方红壤区包括上海、浙江、江西、福建、广东、海南等省（直辖市）和香港、澳门特别行政区，以及广西、江苏、安徽、河南、湖北、湖南等省（自治区）的部分行政区。红壤区水土流失多以面蚀、沟蚀、崩岗和泥石流等形式表现出来。该区域水土流失面积 13.25 万千米^2，全部为水力侵蚀，这里红土有机成分少、黏性大，对地表依附能力低，极易被冲刷；加之年降水量大且多暴雨，是全国平均降水量的 1.9～2.8 倍。这里的林下灌木和草本稀疏，土壤表面裸露程度很高，易造成严重的水土流失，呈现"远看青山在，近看水土流"的现象，个别区域甚至一度被称为"红色沙漠"。

▲ 被称为"红色沙漠"的红壤区

六、西南紫色土区

西南紫色土区包括重庆市，以及四川、甘肃、河南、湖北、陕西和湖南等省的部分行政区。紫色土由紫色泥（页）岩风化形成，在高温多雨季节，物理风化更为严重，往往形成风化一层、剥蚀一层、流失一层的恶性循环。该区域水土流失面积13.88万千米², 全部为水力侵蚀。土壤多为砂岩、页岩、泥岩风化形成的幼年土，有机质含量低，易被水分解溶蚀，土壤抗蚀力弱。除此之外，这里土层浅薄，蓄水能力低，容易发生干旱，遇到暴雨，极易形成严重的水土流失。坡耕地也是紫色土区河流泥沙的主要策源地。

▲ 重庆紫色土区

七、西南岩溶区

西南岩溶区包括四川和贵州两省，以及云南省和广西壮族自治区的部分行政区。水土流失以水力侵蚀为主，水土流失面积18.20万千米²，局部地区存在滑坡、泥石流。长期以来人类活动导致自然植被不断遭到破坏，加上岩溶石山区土层薄，暴雨冲刷力强，大量的土壤流失后岩石逐渐凸现裸露，呈现"石漠化"现象。石漠化地区坡耕地比例大，土层瘠薄，耕作层薄于30厘米的耕地占42%，有的地区土层甚至消失殆尽，水土流失问题严重。

▲ 贵州石漠化土地（黄鹤先提供）

八、青藏高原区

青藏高原区包括西藏、甘肃、青海、四川和云南等省（自治区）的部分行政区。该区域人为活动影响相对较小，以自然侵蚀为主，全区水土流失面积 31.19 万千米^2。约有 2/3 面积的地区年均温度在 0℃以下，全年冻结期长达 7 ~ 8 个月，昼夜温差较大（15℃左右），因此冻融侵蚀是这里主要的侵蚀类型之一。水蚀和风蚀也是主要的侵蚀方式，水蚀自东南向西北减弱，风蚀则加强。

▲ 青海省三江源区自然生态（王海宁提供）

第三章

水土保持：生态保护的法宝

看到这里，相信读者对什么是水土流失，水土流失都有哪些类型、产生原因、危害和区域特点有了一定了解。防治水土流失，保护水土资源十分重要。那么，什么是水土保持？水土保持有哪些措施呢？中国的水土保持又是怎样逐步发展成熟的？不同区域的水土保持又是怎么做的呢？一起来了解一下吧。

◎ 第一节 什么是水土保持

根据《中国大百科全书·农业卷》中的定义，水土保持是指防治水土流失，保护、改良与合理利用水土资源，维护和提高土地生产力，以利于充分发挥水土资源的经济效益和社会效益，建立良好生态环境的事业。

水土保持的工作对象是水土流失，是在合理利用水土资源的基础上，组织运用水土保持林草措施、水土保持工程措施、水土保持耕作措施以及水土保持管理措施等构成水土保持综合措施体系，以达到保持水土、提高土地生产力、改善生态环境的目的。

◎ 第二节 水土保持措施类型

　　水土保持措施主要以人为改变微型地貌和地表植被，通过涵养水源、减少地表径流、增加地面覆盖，防止水土流失。水土保持措施主要可以分为植物措施、工程措施和耕作措施三种，各类措施可以互相结合，构成完整的综合治理体系。

一、植物措施

　　植物措施主要指在水土流失或有水土流失危险的地区，采取造林、种草或封山育林、育草等以增加植被为目的的水土保持技术措施。

　　（1）水土保持造林：包括坡地水土保持（水源涵养）林、水文网与侵蚀沟道水土保持林、水库

▲ 贵州万亩水土保持林（黄鹤先提供）

▲ 山东农田防护林

▲ 威宁雪山放牧型种草（黄鹤先提供）

▲ 吴起县生态修复前

▲ 吴起县生态修复后

河岸防护林、防治风力侵蚀的农田防护林等。

（2）水土保持种草：包括刈割型种草、放牧型种草、灌木林或疏林地林下种草。

（3）水土保持生态修复：对区域实施封禁，禁止放牧、开垦等新的干扰，促进植被自然生长，将被损害的生态系统恢复到或接近于它受干扰之前的自然状态。

二、工程措施

工程措施主要指为防治水土流失危害，保护和合理利用水土资源而修筑的各项工程设施，包括坡面防护工程、沟道治理工程和小型蓄水工程等。

1. 坡面防护工程

用改变地形的方法防止坡地水土流失，将降水就地拦蓄下渗，减少或防止形成坡面径流，增加土壤可利用水分，适用于比较陡峭、易被雨水冲刷的坡地。修筑梯田、鱼鳞坑等都是坡面防护工程的主要措施。

（1）梯田。说起梯田，相信大多数人脑海中都会浮现出其错落有致分布在山坡、笼罩在云雾之中的醉人美景。梯田是指在丘陵山坡地上，沿等高线把坡面改成梯形台阶状。层层的梯田对蓄水、保土、增产的作用十分显著，能使跑水、跑土、跑肥的"三跑田"变成"保水、保土、保肥"的"三保田"。

新中国成立以来，共修筑梯田超过 3 亿亩，主要分布在西北黄土高原区、西南紫色土区、北方土石山区和南方红壤区。梯田在治理水土流失的同时，又可以提升农田质量，增加粮食产量，一直是山区治理水土流失最基本的措施之一。

▲ 机械修理梯田

（2）鱼鳞坑。鱼鳞坑是在较陡的梁峁坡面和支离破碎的沟坡上，沿等高线自上而下地挖筑半月形坑，呈品字形排列，远看形如鱼鳞分布。挖坑取出的土在坑的下方培成半圆的埂，分散拦截坡面径流，控制水土流失。同时，可在坑中植树，便于更好地保持水土。

▲ 甘肃省庄浪县卧龙梯田
（杜雨林提供）

鱼鳞坑适宜建在被冲沟切割破碎的坡面上，坡度一般在 15°～45°，或作为陡坡地植树造林的整地工程。鱼鳞坑多用于水土流失较重的干旱山地及黄土地区。

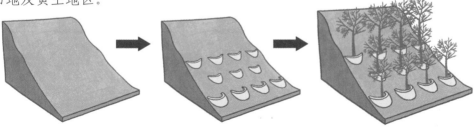

▲ 鱼鳞坑植树流程示意图

41

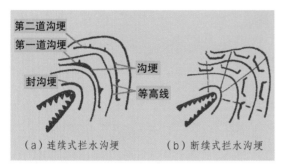

（a）连续式拦水沟埂　　（b）断续式拦水沟埂

▲ 蓄水式沟头防护工程

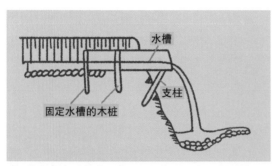

▲ 泄水式沟头防护工程

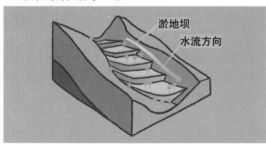

▲ 淤地坝示意图

▲ 淤地坝"三大件"

2. 沟道治理工程

沟道治理工程指防止沟道变宽、变深、变长的措施，可以拦蓄沟道内的泥沙，减轻或防止山洪或泥石流等灾害。主要包括沟头防护工程、淤地坝、拦沙坝、谷坊等。

（1）沟头防护工程。在侵蚀沟道源头修建的防止沟道溯源侵蚀的工程设施，可分蓄水型和排水型两类。当沟头上部来水较少时，可采用蓄水式沟头防护工程，即沿沟边修筑一道或数道水平半圆形沟埂；当沟头集水面大且来水多，或者受侵蚀的沟头临近村镇、威胁交通时，可修筑泄水式沟头防护工程。

（2）淤地坝。主要指在水土流失的沟道中兴建的以拦泥淤地为主，兼顾滞洪的措施。淤地坝能使荒沟变成人造小平原，增加耕地面积，并且能够使土壤肥沃、水分充足，被群众称为"聚宝盆""钱袋子"。此外，淤地坝通过层层拦蓄，能有效防治洪水对下游的危害。

淤地坝通常由坝体、溢洪道、放水建筑物"三大件"组成。坝体挡水拦泥；溢洪道排泄洪水，

▲ 河南省南阳市西峡县拦沙坝施工（潘征提供）

当坝内洪水位超过设计高度时，就由溢洪道排出，以保证坝体安全；放水建筑物排泄沟道流水和库内清水。中国现有淤地坝主要分布在陕西、山西等7个黄土高原省（自治区）。淤地坝在产业开发、生态修复、乡村旅游等方面发挥了重要的作用。

（3）拦沙坝。以拦蓄山洪及泥石流沟道中固体物质为主要目的，防治泥沙灾害的拦挡建筑物，坝高一般为3～15米。

（4）谷坊。在易受侵蚀的沟道中，为了固定沟床而以土、石为主要原料修筑的横向拦挡建筑物，高度一般小于3米，通常不单独修筑，而是在沟道内自上而下修筑多座谷坊，形成谷坊群，控制水土流失。

▲ 河北丰宁县达袋沟小流域谷坊群（潘征提供）

▲ 宁夏彭阳小型水库

▲ 坡面蓄水池

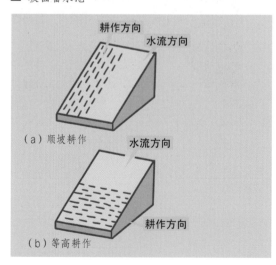

▲ 顺坡耕作和等高耕作示意图

3. 小型蓄水工程

小水库、蓄水塘（坝）等能够将坡地径流及地下潜流拦蓄起来，减少水土流失危害，在干旱时能够灌溉农田，提高作物产量。

三、耕作措施

水土保持耕作措施是指在遭受水蚀和风蚀的农田中，采用改变微地形、增加地面覆盖和土壤抗蚀力，实现保水保土保肥、改良土壤的耕作方法。根据所起的作用不同，耕作措施可分为以改变微地形为主、以增加地面覆盖为主和以改变土壤物理性状为主三大类。

1. 以改变微地形为主

此种耕作方式主要包括等高耕作、沟垄耕作等。

（1）等高耕作。指在坡耕地上沿等高线进行犁耕和作物种植，又称横坡耕作。与顺坡耕作相比，等高耕作能更有效地拦蓄地表径流，增加土壤水分入渗，减少水土流失。

（2）沟垄耕作。在坡耕地上沿等高线开沟起垄并种植作物，以蓄水、保土并调节地温的农业耕作措施，有改变地形、拦蓄部分径流、增加土壤蓄水、减少土壤流失的作用。

▲ 旱地沟垄耕作
（李志恒提供）

2.以增加地面覆盖为主

（1）残株（秸秆）覆盖。用稻草、杂草、蔗叶、蔗渣、玉米秆、谷壳等作物残株覆盖地面，可以保护表层土壤结构，提高降水的入渗率；有效地抑制土壤水分蒸发；抑制杂草生长，减少中耕除草作业；保护土壤温度等。

（2）地膜覆盖。这是与沟垄相结合，用农用塑料薄膜覆盖地表的一种措施。这种措施能有效提高地面温度、保持土壤水分（保墒），并可通过减轻风和水的侵蚀改善土壤结构。

▲ 残株覆盖

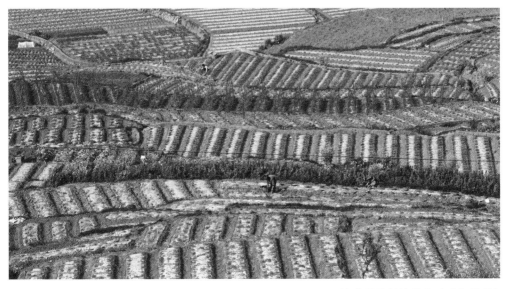

▲ 地膜覆盖保墒保土（潘征提供）

▲ 实行免耕的黑土地

3. 以改变土壤物理性状为主

（1）少耕。指在常规耕作基础上，尽量减少土壤耕作次数或在全田间隔耕种、减少耕作面积的一类耕作方法。

（2）免耕。又称零耕、直接播种。指作物播前不用犁、耙整理土地，直接在茬地上播种；作物生长期间也不使用农具进行土壤管理的耕作方法。

知识拓展

生产建设项目水土保持措施

中国水土保持不只局限在山区、丘陵区，为了防治生产建设项目水土流失，水土保持工作走进城市和平原，在实践中发展完善了生产建设项目水土保持措施。

▲ 边坡防护措施（空心六棱砖）

▲ 边坡防护措施（植物护坡）

　　生产建设项目水土保持措施包括工程措施、植物措施和临时措施三类。其中，工程措施包括拦渣工程、斜坡防护工程、土地整治工程、防洪排导工程、降水蓄渗工程等，植物措施主要为造林种草、景观绿化、封育管护及植被恢复等，临时措施主要包括临时拦挡、苫盖、排水、沉沙、临时种草等措施。工程措施、植物措施和临时措施相互配合，共同构成完整的生产建设项目水土保持防治体系。

（a）治理前

（b）治理后

▲ 某采石场治理前后对比

◎ 第三节 水土保持的作用

前文中对水土保持的概念、类型和发展等进行了简单介绍，那么水土保持究竟有什么作用？它是如何防治水土流失、促进水土资源可持续利用、持续改善生态环境的呢？总体来讲，水土保持具有拦沙减淤、净化过滤、调节反补、开源引流、减排增汇五大作用。

一、拦沙减淤

流域面是江河湖库淤积泥沙的"源"。梯田、水平沟等治坡工程，淤地坝、拦沙坝等治沟工程，以及小型水利工程措施，能有效控制土壤侵蚀，防止水土流失，减少进入水体的泥沙，进而有效改善河湖淤积。通过多年水土保持治理，黄河中游"一碗水半碗沙"的情况已成为历史，保障了黄河长久安澜。

二、净化过滤

水土流失是引发水库、湖泊、河流等地表水体发生富营养化的重要根源，而水土保持措施具有吸收、过滤、迁移和转化土壤与水体中某些有害物质，防治非点源污染，改善地表水和地下水水质的作用。水土保持植物措施具有改善土壤质地、增加土壤团粒结构、增加土壤微生物种类和数量等功能，从而减少污染源产生的污染物。

三、调节反补

水土保持措施具有调节洪峰流量和枯水季河川流量等作用。在特大暴雨灾害中，山区坡面水土保持措施削减洪峰和减少水土流失的作用显著，同时，河流汛期径流量占年径流量比例下降，枯水期径流量比例上升，季节分配趋于均匀。水土保持典型措施对流域地下水补给具有蓄洪补枯效应，有利于枯水期生态基流保障。

四、开源引流

山区是我国的主要水源区，根据全国第二次水资源调查评价成果，全国85%的降水量分布在山区。林地作为山区主要土地利用类型，大规模水土保持林草建设具有改变局部小气候、调节降水量的作用。黄土高原大规模水土保持坡面措施及库坝等沟道措施的实施，使得内源水汽增多，区域水分循环加快，从而改变了当地小气候，对局地降水产生一定影响。

五、减排增汇

实现碳达峰、碳中和，是党中央作出的重大战略决策，事关中华民族永续发展。土壤侵蚀通过有机碳水平迁移、垂向淋滤、过程矿化以及沉积封存等多个过程影响碳循环。水土保持措施可通过植被光合作用直接从大气吸收CO_2、改良土壤、增加土

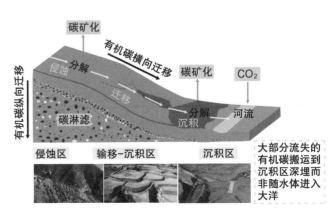

▲ 水力侵蚀对碳循环的影响

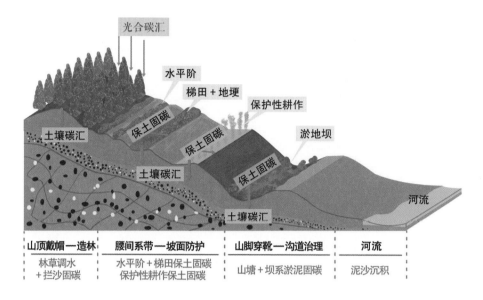

光合碳汇

水平阶

梯田 + 地埂

保护性耕作

淤地坝

土壤碳汇

保土固碳

保土固碳

河流

保土固碳

土壤碳汇

保土固碳

土壤碳汇

山顶戴帽—造林	腰间系带—坡面防护	山脚穿靴—沟道治理	河流
林草调水 +拦沙固碳	水平阶+梯田保土固碳 保护性耕作保土固碳	山塘+坝系淤泥固碳	泥沙沉积

▲ 水土保持对碳循环过程的影响

壤有机碳，并在坡面—沟道林草、梯田、淤地坝等措施作用下，进行调水保水保土从而固持有机碳，通过垂向和横向路径影响碳循环。因此，水土保持是增强陆地碳汇能力的重要途径，是实现碳中和目标的重要一环。

◎ 第四节 水土保持发展史

中国水土保持具有悠久的历史，在漫长的治理水土资源流失的过程中，古代劳动人民积累了丰富的经验，创造并发展了保土耕作、沟洫梯田、造林种草、打坝淤地等一系列行之有效的措施。新中国成立后，我国的水土保持事业获得了长足发展，推动了传统水土流失治理向现代化的转变。

一、古代水土保持

在中国漫长的原始和传统农业时期，很长时间里人们对水土流失并未给予足够的重视，直到水土流失影响农业生产，甚至威胁人们的生命安全时，才开展保持水土的实践。西周到春秋时期，可看作是水土保持的初创阶段；秦统一六国到清鸦片战争阶段，水土保持技术和理论不断发展；鸦片战争后，中国水土保持工作逐步确立。

1. 秦朝之前

古代人们对水土保持已有所认识。商代时，出现了防止水土流失的"区田法"。在西周，已采用封山育林方法恢复植被，保持水土。西周初期，治理水土流失主要是进行土地平整、防止冲刷，使溪流和河川的泥沙量降低，流水变清，以及将山林、荒地等许多难以治理的土地安排不同的用途并加以保护，防止水土流失。

春秋后期的水旱灾害与水土流失迫使人们更注重水土保持，涉及水土保持的文献最早见于春秋时期的著作《国语》（公元前550年）："古之长民者，不堕山，不崇薮，不防川，不窦泽（即古代的执政者，不毁坏山丘，不填平沼泽，不堵塞江河，不决开湖泊）。"到先秦时期《伊耆氏蜡辞》中有"土返其宅，水归其壑（即土壤回到农田，流水纳入沟壑）"的描述。

2. 秦朝到清鸦片战争阶段

如今所采取的一些有利于水土保持的措施，或古已有之，或从古法改进、演替而来，川台地沟垄

▲ 广西龙脊梯田（潘征提供）

种植法和抗旱丰产沟耕作法就是由《汉书·食货志》提到的代田法演替而来。西汉时期出现了梯田的雏形，东汉时已有少量梯田出现，到唐宋时期梯田有了较大发展。据考证，湖南省新化县紫雀界梯田距今已有2700余年的历史，广西龙脊梯田、云南的哈尼梯田以及北方土石山区的部分石坎梯田，距今均有600多年的历史。在古代黄河流域，尤其是上中游，就有利用洪水、泥沙，实施引洪漫地和打坝淤地的技术，明朝时已开始人工修筑坝淤田，陕西富平引洪漫地已有400多年历史。

水土保持的相关思想理论在这一时期也得到了一定发展。如西周《吕刑》中有"平治水土"的记载，这是有记载以来中国最早的水土保持思想。秦汉以后，有"一石水而六斗泥"的记载；南宋魏岘提出了"森林抑流固沙"理论；明代周用提出"使天下人人治田，则大大治河"的思想；明代水利专家徐贞明倡导"治水先治源"，并提出泥沙侵蚀、搬运和沉积的关系；清代胡定分析了黄河泥沙来源，

提出"汰沙澄源"的治黄方略，并阐述了泥沙产生
与运移规律；清代梅伯言的《书棚民事》论述了森
林植被具有抑制流速、固结土壤、涵养水源等防治
土壤侵蚀的功能。

李仪祉（近代治理黄河先驱
和水土保持工作先驱）

3.清鸦片战争至新中国成立前

1840 年以后，中国的一些知识分子接受西方现
代科学的影响，开始从事水土保持研究。1933 年中
国正式成立黄河水利委员会，下设林垦组，专职开
展保水保土工作，同年 8 月，林垦设计委员会正式
改名为"水土保持委员会"，从此"水土保持"一
词作为专用术语开始使用。这时期，围绕水土保持
工作，中国研究者进行了调查研究，提出了治理方案，
建立了组织机构，开展了科学实验和小范围示范推
广。李仪祉、张含英等比较有代表性的专家认识到
黄河河患的症结在于泥沙，泥沙的根源在于上中游
黄土地区的水土流失，从而在治黄方略中提出加强
上中游的水土保持。在当时的历史条件下，虽然水
土保持工作不可能大规模开展，但对新中国成立后
水土保持的发展具有重要启蒙和奠基作用。

张含英（中国水土保持科学
启蒙者和奠基人）

▲ 近代水土保持专家

二、新中国成立后水土保持

新中国成立后，党和政府非常重
视水土保持工作。经过长期探索和实
践，总结出了以小流域为单元的综合
治理理念和模式，完善了水土保持法
律法规体系，开展水土保持监测及信
息化建设，强化水土保持监督管理，
推进水土保持治理体系和治理能力现代化。

▲ 李仪祉带领学生在郊外实习（刘顺提供）

小贴士

什么是小流域？

流域是指由分水线所包围的河流集水区。每条河流都有自己的流域，如黄河流域、长江流域等。一个大流域可以按照水系等级分成数个支流，支流又可以分成更小的流域等。小流域综合治理，流域面积在 30 千米² 以下为宜，最多不超过 50 千米²。

1. 综合治理的探索和实践

（1）重大灾害防治阶段。20 世纪 50—60 年代，水土流失治理主要以防治山洪和泥石流等重大自然灾害为主，工程措施与生物措施相结合，并根据山洪和泥石流灾害特性，设计具有针对性的治坡和治沟措施。

（2）小流域综合治理阶段。1960—1980 年，人们在流域治理的实践过程中逐渐认识到小流域系统的整体性，施行"沟坡兼治"模式，成为以小流域为单元综合整治的初级阶段。小流域综合治理是 20 世纪 80 年代水利部在系统总结过去治理经验的基础上提出的。小流域综合治理是指以小流域为单元，按照水土流失规律、经济社会发展和生态安全需要，在山水林田路统一规划的基础上，调整土地利用结构，合理配置水土流失防治的工程措施、植物措施与耕作措施。通俗来讲，就是在坡面上修水平梯田、造林、种草，沟道内建大小淤地坝，工程措施、植物措施与耕作措施相结合，使各项措施各尽其能，相互补充、相互促进，全面而有效地制止

▲ 安徽小流域综合治理

不同部位和不同形式的水土流失，形成完整的防治体系。中国山地丘陵约占全国陆地面积的 2/3，以小流域为单元进行水土流失治理是山丘区有效开展水土保持最有效的方式。

（3）人与自然和谐治理阶段。生态清洁小流域治理是在传统小流域综合治理基础上，把水土流失防治与水资源保护、面源污染防治、农村垃圾及污水处理等相结合的新型综合治理模式。21 世纪初，针对水资源短缺、水生态损害、水污染问题凸显的严峻形势，北京市创新性地提出并率先开展建设生态清洁小流域，并取得显著成效。水利部在总结北京市成功经验的基础上，在全国启动了生态小流域建设试点工程。在生态清洁小流域治理的基础上，以尊重自然的态度来经营流域内的各要素，使其达到接近自然状态的综合治理，称为近自然流域治理，这是小流域治理发展的更高级阶段。

小贴士

"山水林田湖草系统治理"对水土流失综合治理的新要求

山水林田湖草是一个生命共同体，人的命脉在田，田的命脉在水，水的命脉在山，山的命脉在土，土的命脉在林草。治田必先治水，治水的关键在治山，治山需要兴林，林草茂则山绿水清、河湖安、农田丰。小流域综合治理要求"山水林田路综合治理"，可以说这也是"山水林田湖草系统治理"的雏形。新时期水土流失综合治理需要将水土保持与土地利用结构（林、田、湖、草）调整结合起来，因地制宜，不仅要在小流域，而且要在更大的空间尺度上实现系统治理。

▲ 山水林田路综合治理的山东淄博市峨庄小流域（潘征提供）

▲ 北京怀柔区汤河口镇生态清洁小流域（卜向东提供）

知识拓展

生态清洁小流域治理中，三道防线治理措施如何配置？

生态清洁小流域建设按照"保护水源、改善环境、防治灾害、促进发展"的总体要求，围绕水资源保护，将小流域划分为生态修复区、生态治理区、生态保护区三道防线。

生态修复区：位于远山、中山及人烟稀少的坡上及山顶，以林地为主，植被盖度大于30%，坡度大于25°。该区以全面封禁、促进植被恢复为主。

生态治理区：位于农业种植区及人口聚集的坡中、坡下及滩地，以耕地和建设用地为主。在人口聚居区加强污水处理、生活垃圾集中管理和环境美化工程建设；发展与水源保护相适应的生态农业、观光农业、休闲农业；控制化肥农药的使用，减少面源污染，改善生产条件和人居环境。

▲ 生态清洁小流域三道防线

生态保护区：位于河（沟）道两侧及湖库周边。该区应以封河（沟）育草，禁止河（沟）道采砂，加强河（沟）道管理和维护，防止污水和垃圾进入等为主，改善水质，美化环境。

2.法律法规体系的完善

（1）从《指示》到《纲要》到《条例》。新中国成立后，政府对水土保持工作十分重视，1952年政务院发布了《关于发动群众继续开展防旱、抗旱运动并大力推行水土保持工作的指示》（以下简称《指示》），1957年国务院发布了《中华人民共和国水土保持暂行纲要》（以下简称《纲要》），这是中国第一部从形式到内容都比较系统、全面、规范的水土保持法规。1982年颁布了《水土保持工作条例》（以下简称《条例》），是继《纲要》之后又一部重要法规，《条例》中增加了水土流失预防的内容，提出了以小流域为单元，实行全面规划、综合治理等内容，对推动20世纪80年代的水土保持工作发挥了重要作用。

（2）《水土保持法》颁布。1991年6月《中华人民共和国水

▲ 1952年政务院指示

▲ 1957年《中华人民共和国水土保持暂行纲要》摘录

▲ 1982年《水土保持工作条例》摘录

土保持法》（以下简称《水土保持法》）正式颁布实施，这是第一次用法律形式将水土保持工作固定下来，中国水土保持工作由此进入依法防治的新阶段。《水土保持法》提出了"预防为主，全面规划，综合防治，因地制宜，加强管理，注重效益"的水土保持工作方针，将原来工作方针中的"治理为主、防治并重"改为"预防为主"。此外，《水土保持法》中还规定了水土保持方案制度，其中提出"依法应当编制水土保持方案的生产建设项目中的水土保持设施，应当与主体工程同时设计、同时施工、同时投产使用；生产建设项目竣工验收，应当验收水土保持设施；水土保持设施未经验收或验收不合格的，生产建设项目不得投产使用"等内容。

（3）配套法律法规体系的完善。《水土保持法》颁布后，一系列配套法律法规也随之逐步建立。1993年《＜中华人民共和国水土保持法＞实施条例》作为最重要的一个配套法规颁布实施；31个省（自治区、直辖市）也结合当地实际陆续制定了相应的实施办法或条例，形成了自上而下、较为完备的配套法律法规体系。2010年《中华人民共和国水土保持法》经过修订；此后，又相继出台了一系列关于水土保持的规章制度和规范性文件，对防治水土流失发挥了重大作用。

3.水土保持监测和信息化建设

水土保持监测是对水土流失影响因素、状况、危害及防治成效进行的调查、观测和分析工作，是水土流失预防、治理和监督执法的基础，通过监测，可以摸清水土流失类型、强度及其分布状况，掌握水土流失动态变化和消长情况，科学评价水土流失防治效果。

中国的水土保持监测始于 20 世纪 40 年代，1955 年水利部组织开展首次全国水土流失调查，之后全国相继布设了一批观测站点。当前全国拥有一个水利部水土保持监测中心、7 个流域机构监测中心、31 个省级监测站、175 个监测分站和 730 多个监测点、初步形成了覆盖各种水土流失类型区的水土保持监测网络体系。

随着计算机网络与空间技术的应用和发展，中国信息化建设不断加快，卫星、RS 航空遥感、GIS 地理信息系统、GPS 全球定位系统、无人机、移动通信、智能终端等这些"高大上"的"神器"各显神通，可充分发挥天、空、地信息技术的优势，进行"天空地一体化"水土保持监测。水利部从 2007 年起，立项实施了全国水土流失动态监测与公告项目，自 2003 年以来连续十几年，持续发布年度水土保持公报，引起了社会各界的高度关注；2018 年全国（不含香港特别行政区、澳门特别行政区和台湾省）实现了水土流失动态监测全覆盖。

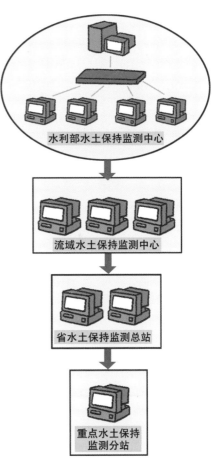

▲ 全国水土保持监测网络

知识拓展

中国的水土流失监测体系包括哪几部分？

坡面水土流失监测：对坡面水土流失状况、影响因素、危害和措施效益等实施监测，便于采取针对性的防治措施。

▲ 坡面水土流失监测

小流域水土流失监测：对小流域水土流失过程、水土保持活动及其环境因子变化进行观测，可以为总体部署、规划布局、防治措施科学配置等提供依据。

▲ 小流域水土流失监测

区域水土流失动态监测：对全国、大中流域或某一行政区域开展监测，可以掌握水土资源状况、消长变化、水土流失面积和强度、重大工程成效，为国家制定宏观战略提供依据。

▲ 区域水土流失动态监测

生产建设项目水土保持监测：在建设过程中对生产建设项目扰动范围或重点部位进行全过程的监测，对措施布设和防治工作具有重大意义，可为各级水行政主管部门有针对性地开展监管提供依据。

▲ 生产建设项目水土保持监测

知识拓展

"天观地查"监管水土流失

　　遥感影像、无人机等信息化手段辅助水土保持监督管理，可实现生产建设项目"天地一体化"监管全覆盖。利用"天上"高分辨率遥感影像识别生产建设项目水土流失图斑，与地面实际情况录入比对，及时上传和交换信息，同时，在地面对项目施工期水土流失、措施布设变化开展定量监测，能够精准捕捉水土保持违法违规行为，让生产建设单位不再心存侥幸。此外，多级协同、跨部门数据共享，极大提高了监管效率。

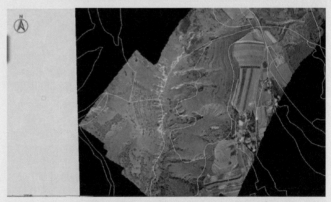

▲ 无人机遥感技术助力水土保持监测和信息化工作

4. 水土保持预防监督

随着中国人为水土流失问题越来越突出，加强预防监督，有效防治人为新增水土流失成为水土保持部门的一项重要任务。预防监督工作主要包括两个方面：一是对于植被覆盖率较高、水土流失较轻的区域，要加强管理，采取切实可行的措施保护植被，预防人为破坏产生新的水土流失；二是对于生产建设项目，要加强监督，让建设单位和主管单位按照水土保持要求实施必要的水土流失防治措施，把生产建设可能造成的人为水土流失减轻到最低程度。水土保持预防监督的主要任务包括以下内容。

（1）制度建设。调查、研究和制定水土保持法律、法规、技术标准和政策。

（2）划定功能区。划定水土流失重点预防区、重点治理区等。

（3）调查监测。开展流域、区域和坡面等尺度水土流失调查。

（4）行政许可。对各类生产建设项目水土保持方案进行行政审批。

（5）监督检查、行政处理、行政征收、行政处罚和行政强制等。

◎ 第五节 区域水土保持

第二章第五节中提到，中国各个区域水土流失的"病症"各异，因此不同区域的水土保持需要紧密结合其水土流失特点和经济社会发展，充分考虑水土流失现状和防治需求，分区施策、对症下药。

一、东北黑土区

东北黑土区是世界仅有的四大黑土区之一，其粮食总产量和商品粮总产量分别占全国粮食总量的1/4和1/3，是保障国家粮食安全的"稳压器"和"压舱石"。这里水土保持工作的重点是解决黑土层变薄和耕地资源破坏问题。针对这一问题，东北黑土区重点进行坡耕地治理，在3°以下的坡耕地主要采取改垄措施，将顺坡垄改为斜坡垄或横垄；3°～8°的坡耕地通过修建梯田和地埂植物带控制水土流失，建设基本农田；8°以上的坡耕地通过坡面工程整地后退耕还林，因地制宜营造水土保持林、用材林、经济林等。

▲ 黑龙江省拜泉县坡式梯田（焉学义提供）

▲ 黑龙江省拜泉县治沟工程
（黑龙江省水利厅提供）

另外，对于沟道侵蚀危害严重的耕地中的侵蚀沟，采取沟头防护、沟底稳固和沟岸防护技术体系。具体为沟头采取跌水防护措施，沟底稳固一般通过修筑谷坊来实现，沟岸防护主要用护岸导水墙、护岸水保林两类。此外，在耕作方式上采取了轮休轮耕、保土耕作等措施保护黑土地。

二、北方风沙区

北方风沙区水土保持以水蚀风蚀交错区的防风固沙为主，主要治理措施包括轮封轮牧、人工沙障、网格林带建设、引水拉沙造地、雨水集蓄利用，以及以灌草为主的植被恢复和建设措施。

在风沙危害严重区防风固沙并非易事。不断移动的沙丘让植被没有立足之地，如何才能固沙？新中国成立初期，通过数年的探索，最终找到了固沙

▲ 防沙治沙

▲ 新疆塔里木河沙漠防风固沙屏障（韩学章提供）

秘笈——草方格。将麦草等沙生植物的茎秆对折插入沙漠半埋半露栽植成一个个1米×1米的方格，在草方格内部沙与水更易聚集，沙生植物草籽开始萌发、生长，地表也逐渐出现绿色。草方格以及类似的土方格、石方格只是防风固沙的第一步，要想从根本上改造荒漠化和沙化土地，需要另一类植被——灌木。在草方格内种植梭梭、柽柳等沙生植物，这些植物拥有极度发达的根系，耐旱、耐寒、抗盐，适应能力极强。但是苗木栽下后并不是高枕无忧了，含水层的水远不能满足新栽苗木的正常生长，为此需要采用滴灌技术，即利用管道上的小孔将水和养分直接送至植物根部，最大限度地减少蒸发和渗漏损耗。在某些水分相对充足的区域则可以栽种乔木，这些较为高大的乔木成为防风固沙的屏障。乔、灌、草结合，层层嵌套，庇护农田、牧场、公路和村镇。

三、北方土石山区

北方土石山区以山地丘陵地貌为主，有"八山、一水、半分田、半分道路和庄园"之说。针对这里人口多、土层薄、干旱灾害频发的特点，该区以保护土壤和耕地资源，水源地水土流失治理、黄泛风蚀治理以及局部区域山洪灾害防治为主，主要治理措施包括建造梯田、雨水集蓄利用，构筑拦沙坝、滚水坝、谷坊，推行林草措施及农业耕作措施。

在进行水土流失综合治理的同时，还需解决中上游水土保持与下游水资源匮乏之间的矛盾，"节水型"水土保持措施的实施是关键。如在海河流域水土流失治理中，在保证一定粮食生产的前提下，尽量减少坡改梯的面积，多选择林草措施和自然封育等节水措施。北京市以水源保护为中心，构筑生态修复、生态治理、生态保护三道防线，建设"生态清洁型"小流域，这种方法在治理上游、中游水土流失的同时，还可以向下游"多输水、输好水"。

▲ 河南省南阳市淅川县小流域坡改梯核桃基地（潘征提供）

（a）治理前

（b）治理后

▲ 北京市门头沟区潭柘寺生态清洁小流域治理前后对比图（曹长明提供）

四、西北黄土高原区

黄土高原水土流失防治以减少进入黄河的泥沙为重点。20 世纪 50 年代至 60 年代中期，当时认为黄河泥沙主要来自坡面，治理措施相对单一，主要以建造梯田为主。60 年代中期至 70 年代末期，梯田、植树造林和打坝淤地是控制水

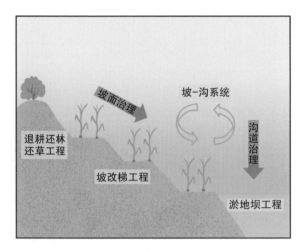

▲ 黄土高原典型治理模式

▲ 陕西省绥德县韭园沟治理

▲ 崩岗治理

土流失的主要措施。70年代末期至90年代末期，在实践中总结提出了"山顶植树造林戴帽子，山坡退耕种草披褂子，山腰兴修梯田系带子，沟底筑坝淤地穿靴子"的小流域综合治理模式，即在沟道采取以淤地坝为主的沟道治理措施；在坡面，则实施坡改梯和植树造林等措施，保护林草植被、发展特色产业，为老百姓增收创造条件。21世纪以来，在小流域治理的基础上，黄土高原持续推进退耕还林还草工程，植被覆盖率从1999年的31.6%提高到2017年的约65%。

五、南方红壤区

南方红壤区大多数坡耕地的土壤厚度只有十几厘米到几十厘米，土壤的持续流失，会导致其成为无法耕作的秃山。因此该区以坡耕地、水蚀林地、崩岗治理和侵蚀劣地治理为主，主要治理措施包括建造梯田及坡面水系工程、谷坊、拦沙坝，采用林草措施（配套的树盘、截流沟、山边沟建设）、特色热带亚热带经济林果建设、封育措施等。

▲ 广东省梅县河泗小流域崩岗治理（潘征提供）

　　此外，加强丘陵崩岗综合整治是该区水土保持工作的重点。在治理中，针对不同类型崩岗采用适宜的治理工程。例如，对于瓢形、条形和部分混合形崩岗，采用上截、中削、下堵、内外绿化、适当造田的崩岗治理模式；对于沟口较宽的弧形崩岗与少数条形崩岗，则采用挡土墙等工程措施；对于发育旺盛的活动型崩岗，在崩口下游修建谷坊或拦沙坝，堤坝内外恢复植被，促进自然稳定；对于相对稳定的崩岗，采取林草治理和封禁治理措施，促使植被自然恢复；对发育初期、崩口规模较小的崩岗，采取工程措施与林草措施相结合的方法，以求尽快固定崩口。

▲ 四川省凉山彝族自治州会
理铜矿村治理前（1993 年）

▲ 四川省凉山彝族自治州会
理铜矿村治理后（2005 年）

六、西南紫色土区

西南紫色土区水土流失治理的关键是坡耕地整治，包括修筑水平梯田、坡式梯田和隔坡梯田。在土层深厚、劳动力充裕的地方，常一次修成水平梯田；在土层较薄或劳力较少的地方，往往先修坡式梯田，经逐年向下方翻土耕作，减缓田面坡度，逐步变成水平梯田；在地多人少、劳力缺乏、降水量较少地方，坡度在15°～20°的坡耕地，修筑隔坡梯田，平台部分种庄稼，斜坡部分种牧草。随坡改梯工程配套建设的坡面水系工程，池、渠、凼配套，蓄、排、灌结合，是紫色土区控制坡耕地水土流失的有效措施。

水土保持林草措施也是这里水土流失治理中的一项重要措施，将重要水源地和江河源头区划为预防保护区，建设与保护植被，提高水源涵养能力。同时，积极推行重要水源地生态清洁小流域建设，维护水质。

七、西南岩溶区

西南岩溶区坡耕地所占比例较大，水土保持的重点是加强石漠化治理，保护和抢救耕地资源。为了治理石漠化，该区根据石漠化程度的不同，采用

▲ 贵州省坡改梯清除石头

不同的防治对策。在重度石漠化区（一般为石峰的中上部），封山育林配合人工造林，选择耐旱、耐瘠薄的灌木，加速碳酸盐岩的溶蚀和成土速率；同时控制人口数量，实施生态移民。在中度石漠化区（一般为石峰中下部），砌墙保土，培育经济林木。在轻度石漠化区（一般为石峰下部及山麓），去石还田实施坡改梯，确保基本农田，发展粮食、经济作物，供当地居民生产、生活。对潜在石漠化区，合理利用土地资源，积极调整农业产业结构，尽量避免再出现石漠化的现象。

八、青藏高原区

青藏高原被称为"世界屋脊""地球第三极""亚洲水塔"，水土保持主要任务是维护独特的高原生态系统，保障江河源头水源涵养功能；保护天然草场，促进牧业生产；合理利用水土资源，优化农业

▲ 青海省三江源区生态修复
人工拉网（潘征提供）

产业结构，促进河谷农业发展。因此，该区域在生态维护上，部署了重点防护林体系建设、天然林资源保护、退耕还林、退牧还草、湿地保护与恢复、野生动植物保护及自然保护区建设等类型多样的生态保育工程，使生物多样性持续恢复。这里的主要江河湖泊基本处于天然状态，水质状况保持良好；在绿色发展上，初步建立起以循环经济、可再生能源、特色产业为主的绿色发展模式，使绿色产业稳步发展。

第四章

成效显著：绘就美丽中国新画卷

党的十八大以来，党中央高度重视生态文明建设，中国水土流失防治步入快车道。统筹山水林田湖草沙系统治理，系统施策、多措并举，中国水土流失状况明显改善，实现了水土流失面积由增到减和水土流失强度由高到低的历史性转变，水土流失强度以轻度和中度为主，水土流失严重的状况得到全面遏制。根据水利部 2020 年监测结果显示，全国水土流失面积减少了 97.76 万千米^2，其中强烈以上的水土流失面积减少了约 51 万千米^2，水土流失面积占国土面积的比例减少了 10 个百分点。

至 2020 年，共治理水土流失面积 46 万千米^2，年均治理面积达 5.8 万千米^2，水土保持率提高到 71.85%。凡经过重点治理的区域，控制土壤流失 90% 以上，林草植被覆盖率提高 30% 以上。

中国水土保持控制了水土流失，改善了农业生产条件，美化了生态环境，增强了可持续发展能力，促进了人与自然和谐相处。治山治水换来绿水青山，绿水青山就是金山银山，一幅幅山清水秀、人水和谐的美丽中国新画卷，在广袤的神州大地上徐徐展开。同时，中国的水土流失治理经验，也为世界水土流失治理提供了中国智慧和中国方案。

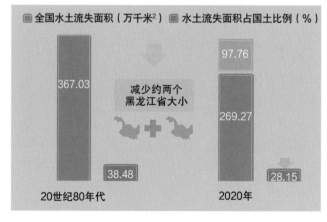

▲ 近 40 年全国水土流失面积变化（数据来自水利部 2020 年监测结果）

◎ 第一节 重点治理，促进区域水土保持和生态文明建设

为了加快水土流失治理进程，自 1983 年以来，水利部在水土流失严重地区持续组织实施了国家八片水土流失重点治理工程，取得了良好治理效果。近年来，随着生态文明建设的深入推进，国家水土保持重点工程治理力度也逐年加大，以长江、黄河上中游、东北黑土区等区域为重点，实施了小流域综合治理、淤地坝及病险坝除险加固、京津风沙源治理、东北黑土区侵蚀沟治理和黄土高原塬面保护等重点工程，高强度水土流失占比明显下降，黄土高原、京津地区、三峡库区、丹江口库区及上游、东北黑土区、西南石漠化地区等重点区域水土流失严重的状况得到根本好转。

在水土流失治理理念上，把水土流失治理同农村人居环境整治、农业生产条件改善、特色产业发展、新农村建设和乡村振兴等相结合，取得显著成效，重点治理区域水土流失得到有效防治，生态环境持续趋向好转，群众生产生活条件显著改善，对助力脱贫攻坚、全面建成小康社会发挥了重要作用。

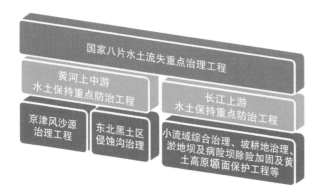

◀ 国家水土保持重点工程

一、水土流失持续减少

经过持续治理，重点治理区实现了水土流失面积由增到减、强度由高到低的历史性转变。据全国水土流失监测成果显示，2011—2019 年，国家水土保持重点工程重点布局的、国家级水土流失重点治理区累计减少水土流失面积 6.2 万千米^2，减幅为 10.33%，其中中度及以上侵蚀面积减幅达 53.58%。长江经济带、黄土高原、东北黑土区、京津地区等重点治理区域水土流失面积减幅明显高于全国平均水平。福建长汀 1985—2019 年减少水土流失面积 11.8 万亩，减幅达 76.5%。永定河上游进入官厅水库的泥沙较 20 世纪 80 年代减少 70% 以上。

知识拓展

江西赣州
"江南沙漠到江南绿洲"

江西赣州，曾经红土裸露、沟壑纵横，水土流失非常严重。20 世纪七八十年代水土流失面积高达 111.75 万公顷（1 公顷 =10000 米^2），占全市山地面积的 37%，森林覆盖率仅 40%。"山上无树，地上无皮，河里无水，仓中无米"是当时恶劣环境的形象写照。

经过坚持不懈地治理，赣州生态环境发生了翻天覆地的变化。其主要经验做法有：强化组织领导，突出水保生态建设的位置；注重建章立制，完善水土保持制度体系；健全规章制度，建立长效工作机制；转变治理思路，创新治理模式和管理机制；加强预防保护，严格水土保持监督管理等。"崩岗长青树，沙洲变良田"，2020 年全市水土流失面积下降到 6949.33 千米^2，森林覆盖率稳定在 76.3%。赣州城市生态环境竞争力进入全国 20 强，成为中国最具生态竞争力城市、全国首批创建生态文明典范城市。

（a）治理前

（b）治理后

▲ 江西省赣县旱塘小流域治理前后

福建长汀
"火焰山到花果山"

福建长汀曾是中国南方水土流失最为严重的地区之一，被喻为"火焰山"。山光、水浊、田瘦、人穷，是当时自然生态恶化、群众生活贫困的真实写照。1985年水土流失面积达976.5千米^2，占全县国土面积的31.5%。

长汀自1983年开始了水土流失规模化治理，通过人工植树种草、封山育林等措施，水土流失势头得到初步控制。从2000年开始，按照"进则全胜，不进则退"的要求，相继实施了小流域综合治理、坡耕地整治、崩岗治理等一批重点生态建设工程，生态保护修复工作取得明显成效，走出了一条生态改善与经济发展双赢的高质量发展之路。2020年底，长汀水土流失面积下降到210.1千米^2，水土流失率降到6.78%，昔日的"火焰荒山"变成了"花果金山"。长汀生态的巨变，是习近平生态文明思想的生动实践，也是中国几十年来水土流失治理的一个示范性窗口。

（a）治理前　　　　　（b）治理后

▲ 福建省长汀河田镇喇叭寨水土流失治理前后（引自：闽西日报）

二、生态环境明显改善

经过重点治理，全国治理区从山顶到山脚蓄住了水，保住了土，增加了植被，实现了粮田下川、林草上山，泥不出沟、水不乱流，抗灾能力明显提高。通过重点治理小流域，水土流失治理程度普遍提高10%～40%，林草植被覆盖率平均提高20%。黄土高原地区、长江流域金沙江下游、嘉陵江中下游、陇南陕南、三峡库区等重点治理区林草覆盖率提高了约30%，荒山荒坡面积减少70%，过去消失退化的动植物种类逐渐恢复，生态环境和人居环境明显改善，环境承载能力得到加强。

（a）治理前

（b）治理后

▲ 河北省平泉县七沟镇凤凰岭治理前后

（a）治理前

（b）治理后

▲ 江西省兴国县塘背河小流域治理前后

▲ 安徽省歙县美丽乡村

三、农业生产条件有效提高

以小流域为单元，通过山水林田路统筹规划、系统治理，优化水土资源配置，提高土地生产力。经过重点治理，过去在坡耕地上难以种植的作物可以种植了，特色产业得到发展了，为实现农业优质高效发展和农村产业结构调整奠定了基础。许多地区"靠天种庄稼、雨大冲粮田、天旱难种田"的状况发生了根本性变化。坡地修成水平梯田，跑水、跑土、跑肥的"三跑田"变成了保水、保土、保肥的"三保田"。总体上，长江流域粮食亩均单产可提高70千克以上，黄河流域亩均单产可提高70～200千克。同时，治理区因地制宜配置生产道路、坡面水系，为农业机械化创造了条件，提高了农业综合生产能力。

▲ 甘肃省定西县安定区花岔流域坡改梯工程

▲ 云南省双柏县坡改梯工程

▲ 黑龙江省拜泉县通双小流域
地埂植物带建设

▲ 四川省芦山县坡改梯及田间道路、
坡面渠系等配套设施建设

▲ 江西省赣州市宁都县坡改梯及田间道路、坡面渠系等配套设施建设

四、特色产业强劲发展

在综合治理水土流失的同时，因地制宜发展经济林果等特色产业，成为助力脱贫攻坚的"钱袋子"。例如，培育壮大了江西赣州脐橙、河南三门峡苹果、贵州贵定茶叶等一大批水土保持特色产业，成为当地支柱产业和经济增长点，治理区农民收入普遍提高 30% ~ 50%。同时，治理区生态环境的改善，还带动了庭院经济、农家乐、生态观光旅游等产业的发展。

▲ 江西省赣州市水土保持特色产业（脐橙与有机茶）

▲ 河南省三门峡市水土保持特色产业（苹果）

▲ 贵州省贵定市水土保持特色产业（雪芽茶）　▲ 河南省济源市水土保持特色产业（油菜）

五、生态文明全面推进

水土流失综合治理与美丽乡村建设相结合，围绕村庄、城镇周边实施生态清洁小流域建设，在促进人居环境改善、美丽乡村建设中发挥了重要作用，建成一批防控体系完善、人居环境优美、运行管理规范、防治效益突出、示范作用明显的水土保持生态文明综合治理工程。

▲ 浙江省桐庐市瑶琳

▲ 上海市水库村

▲ 浙江省临安市美丽乡村

◎ 第二节 依法防治，有效控制人为水土流失

造成中国水土流失的因素，既有自然的，也有人为的，控制人为水土流失，对于治理水土流失尤为关键。1991 年《中华人民共和国水土保持法》（以下简称《水土保持法》）颁布，此后各地相继出台了《水土保持法》实施办法或条例，同时，水土保持相关的系列规章和规范性文件也逐步完善。经过多年发展，中国已经形成了自上而下且系统完备的法律法规体系，水土保持工作走上了全面依法防治的轨道。

《水土保持法》实施 30 多年来，严格水土保持监督管理，全国 58 万个生产建设项目减少人为新增水土流失面积 24 万千米^2，人为水土流失得到有效遏制。党的十八大以来，指导 23 万个生产建设项目实施水土流失防治措施，减少人为新增水土流失面积 10 万千米^2。仅"十三五"期间，有 24.11 万个生产建设项目水土保持方案得到审批，5.95 万个生产建设项目完成水土保持设施验收，有效防治了因生产建设造成的水土流失，实现工程建设与水土保持和生态保护的共赢。随着中国《水土保持》的深入贯彻实施，水土保持"三同时"制度（生产建设项目水土保持

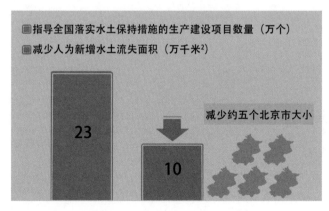

指导全国落实水土保持措施的生产建设项目数量（万个）
减少人为新增水土流失面积（万千米²）
减少约五个北京市大小
23
10

▲ 党的十八大以来生产建设项目水土保持成效

措施与主体工程同时设计、同时施工、同时投入使用）得到逐步落实，生产建设项目依法落实水土保持措施，涌现出了像西气东输、南水北调、青藏铁路、三峡工程等众多国家水土保持示范工程，体现了行业的代表性、引领性，形成了一道道亮丽的风景线。

知识拓展

西气东输工程与水土保持

在中国版图上，西气东输工程与长江、黄河、长城比肩，被称为"第四条彩带"。工程沿途经过沙漠、戈壁、山地、高原、丘陵等不同地貌，穿越6个不同的水土流失类型区，水土保持工作艰巨。

西气东输工程在施工过程中创新性地采取了新一代数字设计、高效施工、非开挖穿越、多管并行等绿色管道建设技术，总计减少土地扰动面积950公顷（1公顷 =10000 米^2），节省投资 25 亿元。工程通过树立生态文明和水土保持理念、建立绿色管道建设水土保持管理体系、创新绿色管道建设技术等，把生态文明理念很好地融入到了管道建设的各方面和全过程，走出了一条绿色发展之路，被评为国家水土保持示范工程。如今，西段丝路无恙胡杨挺拔，中段黄河安然太行葱郁，东段水乡江南秀色依然。水土保持建设经验已在中缅油气管道工程等大型管道建设中得到推广和应用，起到了示范作用。

知识拓展

青藏铁路工程水土保持

　　青藏铁路是世界上海拔最高、线路最长的高原铁路，要跨越多年冻土区、星罗棋布的自然保护区及各种生态系统原始而脆弱的地带，沿线冻融侵蚀、风力侵蚀、水力侵蚀等各种土壤侵蚀类型交错并存，水土流失复杂多样。

　　青藏铁路建设中本着"生态保护优先"的理念和原则，以地貌单元为基础，制定合理的水土流失综合防治技术体系，对高原多年冻土及植被进行了保护，因地制宜、因害设防，采取混凝土骨架综合护坡、挂钢筋网喷混凝土护坡、石头方格或塑料土工格栅固沙等技术，解决了海拔4000米以上种草难题。工程建设有效保护了"三江源"和青藏高原生态系统，铁路沿线绿色连成线，蓝天、圣湖、雪山、草场，一如铁路建设前一样圣洁宁静。青藏铁路工程的水土保持工作也成为了展示青藏铁路生态环境保护工作的窗口和亮点。

▲ 南水北调中线一期丹江口大坝加高工程（国家水土保持示范工程）

▲ 天润赣州全南天排山风电场项目（国家水土保持示范工程）

▲ 嘉陵江亭子口水利枢纽（国家水土保持示范工程）

◎ 第三节 典型示范，助推水土保持高质量发展

1999年，水利部和财政部在全国选择了10个城市、100个县、1000条小流域，实施了水土保持生态建设"十百千"示范工程。水利部为进一步宣传水土保持工作成效，树立水土保持生态文明样板，于2004年启动了水土保持科技示范园区建设，2011年启动了水土保持生态文明工程创建活动。截至2019年，共建成国家水土保持科技示范园133个，国家水土保持生态文明工程113个，其中国家水土保持生态文明综合治理工程43个（含生态文明城市、生态文明县）、国家水土保持生态文明清洁小流域建设工程12个、生产建设项目国家水土保持生态文明工程58个。

2020年9月，国家水土保持科技示范园和国家水土保持生态文明工程（含生态清洁小流域示范工程和生产建设项目水土保持示范工程）被认定作为

▲ 国家水土保持示范创建发展沿革

全国创建示范活动保留项目。为深入贯彻习近平生态文明思想，推进新时代水土保持高质量发展，践行"绿水青山就是金山银山"的理念，水利部以综合防治水土流失为主线，以科技创新为引领，着力打造了一批高标准水土保持示范样板。2021年度认定的国家水土保持示范样板有90个，其中，国家水土保持示范县34个，国家水土保持科技示范园16个，国家水土保持示范工程40个（含生态清洁小流域示范工程20个，生产建设项目水土保持示范工程20个）。

2021年7月26日，为完整准确全面地贯彻落实新发展理念，探索总结新阶段水土保持高质量发展的新路径、新模式、新机制，水利部发布了《水利部办公厅关于开展全国水土保持高质量发展先行区建设的通知》，选取江西省赣州市、陕西省延安市、福建省长汀县、山西省右玉县、黑龙江省拜泉县等5个县（市）开展全国水土保持高质量发展先行区建设。通过3～5年时间，在水土保持政策制度、体制机制、技术创新、规律把握等方面形成一批可借鉴、可复制、可推广的成功经验，带动全国水土保持工作水平效能整体跃升。

国家水土保持示范样板创建活动，系统总结了水土保持工作好的经验和做法，体现了区域典型性、行业代表性和引领性，推进了水土保持的理念创新、科技创新和体制机制创新，充分展示了不同行业的水土保持成效，对于推动新时代水土保持高质量发展、乡村振兴和美丽中国建设发挥了重要的示范和引领作用。

▲ 浙江省桐庐县国家水土保持示范县

▲ 安徽省歙县国家水土保持示范县

▲ 浙江省德清县东苕溪国家水土保持科技示范园

▲ 陕西省绥德县辛店沟国家水土保持科技示范园

▲ 福建省安溪县山都国家水土保持示范工程（生态清洁小流域）

▲ 浙江省珊溪水库小流域国家水土保持示范工程（生态清洁小流域）

▲ 海南省琼中抽水蓄能电站国家水土保持示范工程

▲ 蒙西至华中地区铁路煤运通道国家水土保持示范工程

[1] 余新晓，毕华兴.水土保持学[M].4版.北京：中国林业出版社，2020.

[2] 张洪江.土壤侵蚀原理[M].2版.北京：中国林业出版社，2008.

[3] 方修琦，章文波，魏本勇，等.中国水土流失的历史演变[J].水土保持通报，2008，(28):158-165.

[4] 李荣华.20世纪50年代以来中国水土保持史研究综述[J].农业考古，2020，(6):265-271.

[5] 王治国，张超，纪强，等.全国水土保持区划及其应用[J].中国水土保持科学，2016，(14):101-106.

[6] 蒲朝勇.贯彻落实十九大精神 做好新时代水土保持工作[J].中国水土保持，2017，(12):1-6.

[7] 蒲朝勇.深入学习贯彻党的十九届五中全会精神 扎实推动新阶段水土保持高质量发展——访水利部水土保持司司长蒲朝勇[J].中国水利，2020，(24):22-24.

[8] 胡春宏，张晓明.关于黄土高原水土流失治理格局调整的建议[J].中国水利，2019，(23):5-11.

[9] 水利部.中国水土保持公报（2020年）[R].2021.

[10] 国务院第三次全国国土调查领导小组办公室，自然资源部，国家统计局.第三次全国国土调查主要数据公报[R].2021.

[11] 水利部，国家发展改革委，财政部，等.全国水土保持规划（2015—2030）[R].2015.

[12] 国家林业和草原局.中国退耕还林还草二十年(1919—2019)[R].2020.